BEI GRIN MACHT SICH IHR WISSEN BEZAHLT

- Wir veröffentlichen Ihre Hausarbeit,
  Bachelor- und Masterarbeit

- Ihr eigenes eBook und Buch -
  weltweit in allen wichtigen Shops

- Verdienen Sie an jedem Verkauf

Jetzt bei www.GRIN.com hochladen
und kostenlos publizieren

Martin Steger

Dreitägige Exkursion: Helgoland-Neuwer-Scharhörn

GRIN Verlag

Bibliografische Information der Deutschen Nationalbibliothek:

Die Deutsche Bibliothek verzeichnet diese Publikation in der Deutschen National-
bibliografie; detaillierte bibliografische Daten sind im Internet über http://dnb.d-
nb.de/ abrufbar.

Impressum:

Copyright © 2010 GRIN Verlag, Open Publishing GmbH
Druck und Bindung: Books on Demand GmbH, Norderstedt Germany
ISBN: 978-3-656-27088-1

Dieses Buch bei GRIN:

http://www.grin.com/de/e-book/200934/dreitaegige-exkursion-helgoland-neuwer-
scharhoern

Proseminar Geographie Didaktik

WS 2009/2010

Dreitägige Exkursion im Raum der Deutschen Nordsee

Neuwerk, Scharhörn und Helgoland

Martin Steger

Englisch/Erdkunde La Gym.

Inhalt

1. Einleitung 3

2. Großräumige Einordnung des Exkursionsgebietes 4

    2.1. Die Deutsche Bucht 4

    2.2. Die Gezeiten und das Wattenmeer 5

3. Neuwerk und Scharhörn 8

4. Die Hochseeinsel Helgoland 13

    4.1. Die Entstehung und Aufbau Helgolands 14

        4.2.1. Die politische Geschichte bis 1918 18

        4.2.2. Der Zweite Weltkrieg 19

        4.2.3. Der „Big Bang" 20

        4.2.3. Helgoland wird wieder deutsch 22

    4.3. Tourismus auf Helgoland 22

    4.4. Das Felswatt Helgolands – Der Helgoländer Hummer 24

5. Zusammenfassung 25

Abbildung 1: Karte zur Grobeinordnung des Exkursionsgebietes 3

Abbildung 2: Stationen des Exkursionsgebietes 4

Abbildung 3: Wasserberge als Folge von Fliehkraft und Mondanziehungskraft 6

Abbildung 4: Entstehung der Gezeiten 7

Abbildung 5: Überblick über das Exkursionsgebiet am 1. Tag 8

Abbildung 6: Nationalpark Hamburgisches Wattenmeer 9

Abbildung 7: Wanderung der Insel Scharhörn im 20. Jahrhundert 11

Abbildung 8: Wanderung der Insel von 1868 bis 1985 11

Abbildung 9: Helgoland 13

Abbildung 10: Schräglage der Schichten auf Helgoland 14

Abbildung 11: Geologischer Querschnitt durch die Gesteinsschichten unter
Helgoland 15

Abbildung 12: Unterteilung und Nutzung der beiden Inseln Helgolands 16

Abbildung 13: Die *Lange Anna* 17

Abbildung 14: Die Zerstörung nach dem Bombardement vom 19.04. 19

Abbildung 15: Bomben auf Helgoland 20

Abbildung 16: Staubwolke nach dem „Big Bang" 21

Abbildung 17: Trottellummen am Lummenselsen 23

Abbildung 18: Hummerfangquoten vor Helgoland über die letzten 120 Jahre 24

1. Einleitung

Die deutsche Nordsee ist ein beliebtes Ziel für Touristen und ein wichtiger Faktor für die Menschen in Norddeutschland. Besonders für deutsche Schüler ist es daher wichtig die Einzigartigkeit und Schönheit der Heimat zu verstehen. Daher soll in dieser Arbeit eine 3tägige Exkursion in die deutsche Bucht für die Sekundarstufe II geplant werden. Die Grobe Einordnung des Exkursionsgebietes kann in Abbildung 1 gesehen werden.

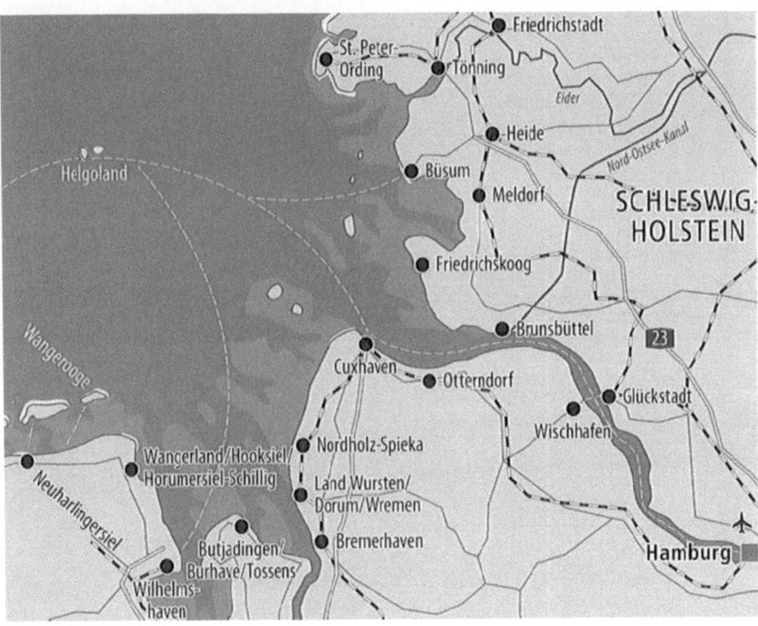

Abbildung 1: Karte zur Grobeinordnung des Exkursionsgebietes

(Verändert nach: www.die-nordsee.de Stand 24.03.2010)

Wie Abbildung 2 zeigt, startet die 3tägige Exkursion in Cuxhaven und führt uns am ersten Tag durch das Watt auf die Inseln Neuwerk und Scharhörn und schließlich an den Tagen zwei und drei auf die Hochseeinsel Helgoland. Besonderes Augenmerk soll dabei auf der Entstehung, dem Bau und der geschichtlichen Entwicklung der Inseln, sowie der Deutschen Nordsee, speziell dem Lebensraum Wattenmeer, liegen.

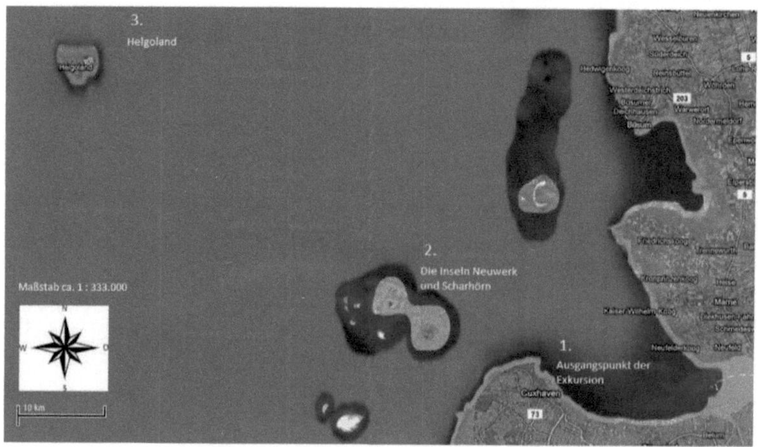

Abbildung 2: Stationen des Exkursionsgebietes

2. Großräumige Einordnung des Exkursionsgebietes

2.1. Die Deutsche Bucht

Das Exkursionsgebiet befindet sich in der Deutschen Nordsee in der Deutschen Bucht, genauer der Helgoländer Bucht. Die Inseln Neuwerk und Scharhörn gehören zum Bundesland Hamburg und liegen im südlichen Elbmündungsgebiet (Hofstede 1991: 2), während Helgoland ein Teil Schleswig-Holsteins ist. Cuxhaven, das zwar als Ausgangspunkt für die

Exkursion dient, jedoch nicht Teil des Untersuchungsgebietes ist, liegt jeweils etwa 90 Kilometer von Hamburg und Bremen entfernt und gehört zum Bundesland Niedersachsen.

Die Deutsche Bucht, also die Nordsee, wie wir sie heute kennen, entstand, gemessen an der Geschichte und dem Alter der Erde, erst vor kurzem, nämlich vor etwa 3000 Jahren. Die Nordsee stellt den seichten nordöstlichen Arm des Atlantiks dar und ist durch das europäische Festland im Süden und Osten, sowie durch die Britischen Inseln im Westen begrenzt. (Lewis Alexander 2010: Encyclopaedia Britannica / North Sea) Abgesehen von Fischfang war die Nordsee für Deutschland besonders für den Handel wichtig. Da aber der Fischfang auf Grund von Überfischung und Fangquoten im letzten Jahrhundert sehr stark zurückgegangen ist und der Handel zwar immer noch wichtig ist, allerdings nicht mehr so wie das zu Zeiten der Hanse der Fall war, sind andere Branchen in den Vordergrund gerückt. Heute sind speziell die Energiewirtschaft und der Tourismus an der Nordsee ins Zentrum gerückt. Egal ob für Kurgäste, Wassersportler, Ornithologen oder einfach nur Badegäste, die Deutsche Nordsee bietet ein mannigfaltiges Angebot. Viele Kur- und Badeorte an der Nordsee leben fast ausschließlich von den Touristen. Jedes Jahr machen etwa 3,5 Millionen Menschen Urlaub an der Deutschen Nordsee. Einen wichtigen Teil dazu trägt das Wattenmeer bei. (www.die-ganze-nordsee.de Stand 31.03.2010)

2.2. Die Gezeiten und das Wattenmeer

Der Kölner Dom, der Dom zu Speyer und zu Aachen und seit 2009 auch das Deutsche Wattenmeer. Alle haben eines Gemeinsam; sie gehören laut UNESCO zum Weltkulturerbe. Um das Wattenmeer jedoch zu verstehen muss man zunächst über die Gezeiten, Ebbe und Flut, sprechen.

Die Gezeiten entstehen durch das Spiel der Anziehungskräfte von Mond und Erde, sowie der durch die Erdrotation auftretenden Fliehkräfte. Diese Kräfte bewegen nämlich das Wasser der Meere. Die Anziehungskraft des Mondes bewirkt, dass Das Wasser auf der Erde, auf der dem Mond zugewandten Seite angezogen wird, gleichzeitig wirkt die Fliehkraft auf der anderen Erdhälfte ähnlich. Somit entstehen auf beiden Seiten „Wasserberge", die als Hochwasser oder Flut bekannt sind. Dieses Prinzip kann in Abbildung 3 gesehen werden.

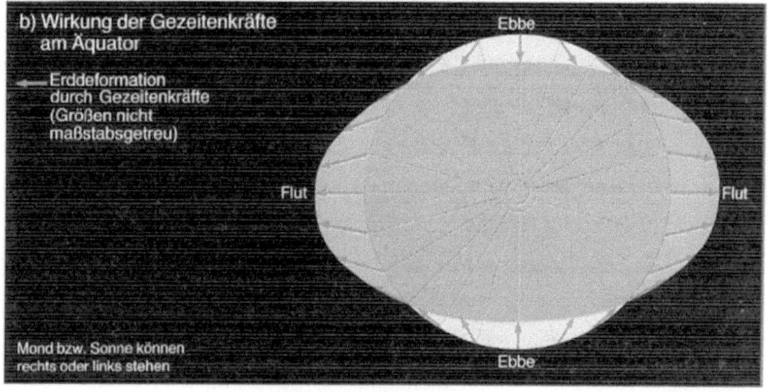

Abbildung 3: Wasserberge als Folge von Fliehkraft und Mondanziehungskraft

(Diercke Weltatlas 2002: 242)

Umgekehrt entsteht auf jenen Seiten denen das Wasser entzogen wird Niedrigwasser oder Ebbe.

Besonderheiten können hier auftreten, wenn besondere Konstellationen aus Sonne Mond und Erde auftreten wie in Abbildung 4 erkannt werden kann.

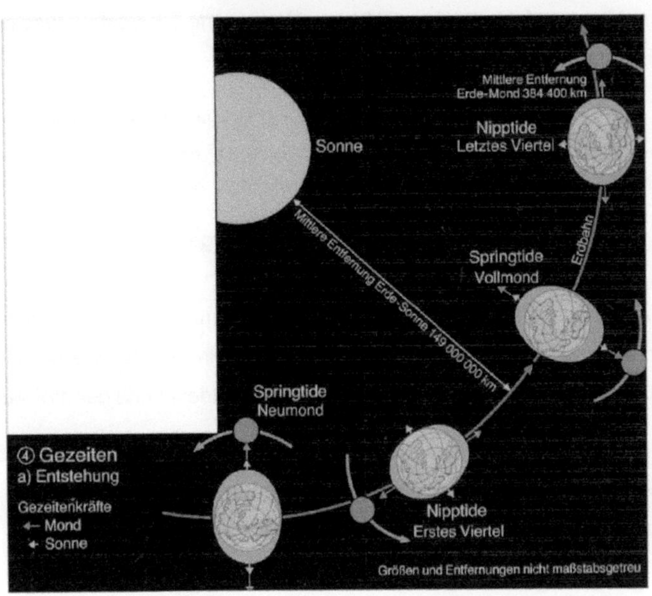

Abbildung 4: Entstehung der Gezeiten

(Diercke Weltatlas 2002: 242)

Stehen Mond und Sonne in einer Linie, also bei Neu- oder Vollmond, so kommt zusätzlich zur Mondanziehungskraft noch die Sonnenanziehungskraft hinzu und lässt somit besonders große Wassermassen, zu einer so genannten Springflut, zusammenfließen. Anders als anzunehmen bewirkt die Springflut aber in den wenigsten Fällen Überflutungen, sondern lässt lediglich den Tidenhub, de Unterschied zwischen Ebbe und Flut, etwas großer ausfallen. Stehen Sonne und Mond nicht in einer Linie, sondern im 90° Winkel zueinander so kommt es zur Nipptide oder Nippflut. Hier ist der Unterschied zwischen Hoch- und Niedrigwasser besonders klein.

Dieses Spiel der Gezeiten, lässt während des Niedrigwassers in der Nordsee das Watt oder Wattenmeer freiliegen. Das Watt bietet den Lebensraum für eine Vielzahl von Tieren und Pflanzen, circa 4.000

verschiedene Arten, unter anderem, Wattwürmer, Krebse, Muscheln oder
Schnecken.

„Ein Quadratmeter Schlickwatt beherbergt Millionen Kleinorganismen, unter ihnen
über 40.000 Schlickkrebschen und bis zu 270.000 der einen halben Zentimeter kleinen
Wattschnecke." (www.die-ganze-Nordsee.de Stand 01.04.2010)

Allerdings sei auch auf die Gefahren hingewiesen die das Watt birgt.
Ein plötzliches eintreten der Flut gepaart mit Unwissen über den
Gezeitenkalender haben schon manchen Wattwanderer in Lebensgefahr
gebracht, wie erst neulich zu sehen war, als ein verirrter Wattwanderer bei
einsetzender Flut zufällig über eine Webcam entdeckt und gerettet wurde.

Da während der 3tägigen Exkursion eine Durchquerung des Watts von
Cuxhaven nach Neuwerk ebenfalls geplant ist, ist es sinnvoll den Schülern
diesen Lebensraum vorher etwas verständlicher gemacht zu haben.

3. Neuwerk und Scharhörn

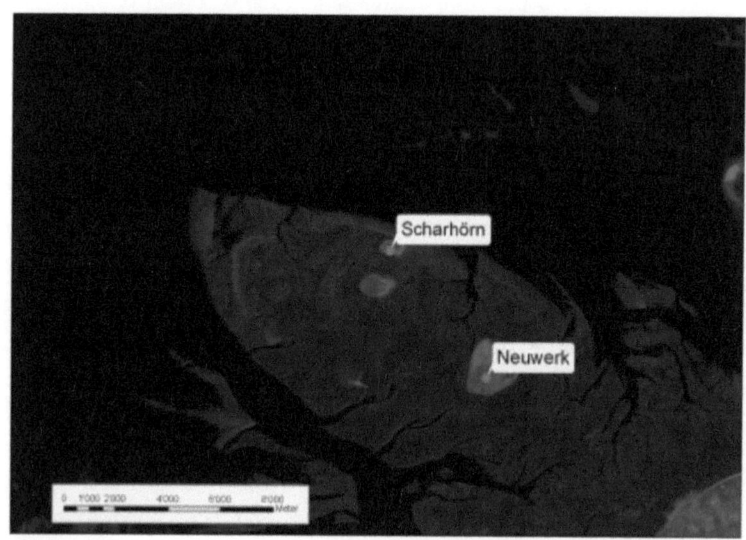

Abbildung 5: Überblick über das Exkursionsgebiet am 1. Tag
(www.hamburg.de Stand 29.03.2010)

Wie bereits erwähnt liegen die Inseln Neuwerk und Scharhörn innerhalb des Hamburgischen Wattenmeers, welches in Abbildung 6 zu sehen ist.

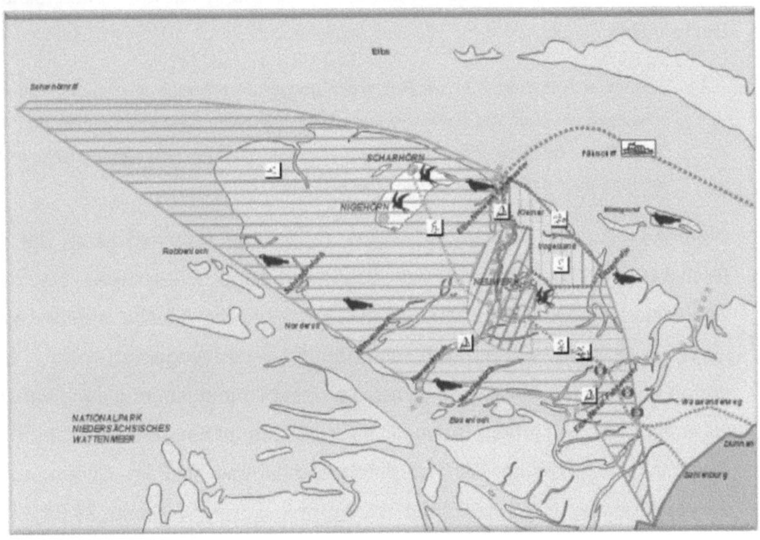

Abbildung 6: Nationalpark Hamburgisches Wattenmeer

(www.nationalpark-hamburgisches-wattenmeer.de Stand 29.03.2010)

Durchschnittlich kommen jedes Jahr rund 120.000 Besucher auf die circa 200ha große Insel Neuwerk. Dies ist etwa das 3.000fache der Bevölkerung die ganzjährig auf der Insel lebt. Da sich die Insel im Wattenmeer befindet, bietet es sich an, die Anreise auf die Insel mit einer Wattwanderung zu verbinden. Die Strecke durch das bei Niedrigwasser komplett freiliegende Watt von Sahlenburg, in der Nähe von Cuxhaven, beträgt in etwa zwei bis drei Stunden und sollte demnach bei eintretender Ebbe begonnen und bei Niedrigwasser wieder verlassen werden. Wie eingangs schon erwähnt bietet das Watt nicht nur ein beeindruckendes, sondern auch ein durchaus gefährliches Naturschauspiel. (www.insel-neuwerk.de Stand 29.03.2010)

Neuwerk und Scharhörn, wie auch die meisten anderen Nordseeinseln wurden von der See aus Schlick und Sand gebaut und ständig geformt, was auch heute noch der Fall ist. Neuwerk und ebenso Scharhörn, stehen räumlich und genetisch noch in direkter Verbindung mit der Festlandküste. Beide Inseln

> „lassen sich zwanglos in die Reihe der übrigen Nordseeinseln einfügen, die teils Sandablagerungen vor der Küste, teils Reste des ehemaligen Festlandes sind, aus Marschland bestehen oder selbst noch altes Geestland in sich bergen, wie dies bei Amrum, Föhr und Sylt der Fall ist." (Nusser 1955: 267)

Während man bei Neuwerk von einer Geestinsel sprechen kann, auf der Besucher willkommen sind, ist Scharhörn eine Düneninsel, die dem Vogelschutz untersteht. Besucher müssen sich vor Anreise auf die etwa 20ha große Insel bei dem auf Scharhörn lebenden Vogelwart melden und dürfen nur in seiner Anwesenheit auf die Insel vordringen, und auch das nur teilweise. Bei Scharhörn handelt es sich wie schon erwähnt um eine Düneninsel welche im Westen durch Sandabtrag und im Süden durch Sandablagerung gekennzeichnet ist. (www.jordsand.eu Stand 29.03.2010) Schon früh begann man mit versuchen die Insel zu vergrößern, unter anderem durch die Anpflanzung von Küstenhafer oder dem Bau von Sandfangzäunen. Es kann festgestellt werden, dass durch die vielen äolischen und litoralen Prozesse die Insel wandert, sich also ständig verändert, oder zumindest tat sie dies bis zum Eingreifen des Menschen. Abbildung 7 und 8 zeigen die Wanderung der Insel im vergangenen Jahrhundert, diese beträgt etwa 16 m pro Jahr. (www.hamburg.de Stand 29.03.2010)

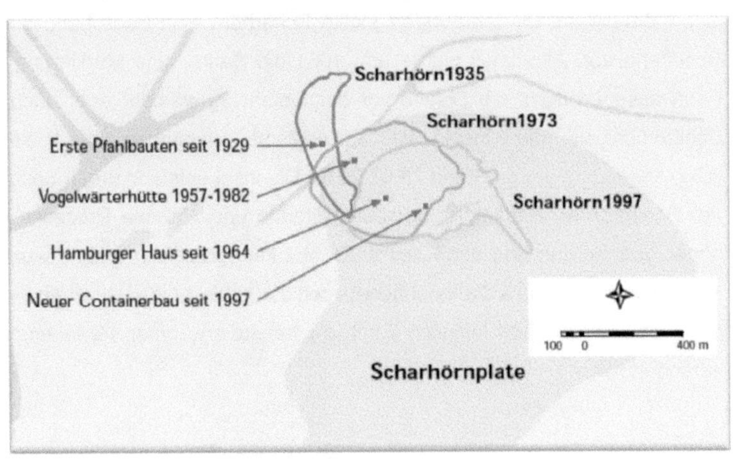

Abbildung 7: Wanderung der Insel Scharhörn im 20. Jahrhundert

(http://fhh1.hamburg.de Stand 29.03.2010)

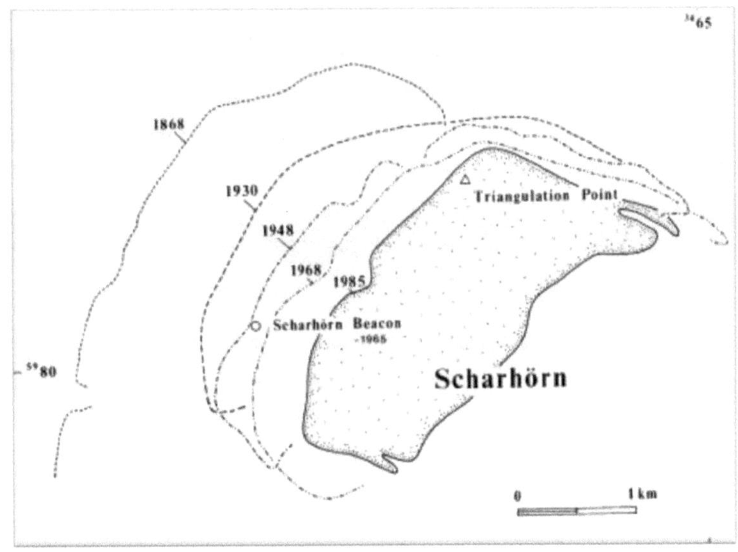

Abbildung 8: Wanderung der Insel von 1868 bis 1985

(www.hamburg.de Stand 29.03.2010)

Bereits im 13. Jahrhundert stellte Scharhörn eine Bedrohung für die Schifffahrt dar. Allerdings wurde erst 1661 die Barke, eine Markierung des Fahrwassers, erbaut um Schiffe vor der Gefahr zu warnen, aber auch um Schiffbrüchigen die Insel als Zufluchtsort erkennbar zu machen. (http://fhh1.hamburg.de Stand 29.03.2010) Die Insel entstand durch Sand auf der Scharhörner Wattfläche, der durch litorale und äolische Prozesse dort abgelagert wurden und 1868 das erste Mal kartographisch erfasst wurden. Es wird vermutet, dass die Insel bereits seit 3.500 bis 4.000 Jahren an dieser Stelle besteht und sich lediglich durch die bereits erwähnten Verlagerungen verändert hat.

Der erste Pflanzenbewuchs auf der Düneninsel wurde 1926 entdeckt. Dieser bewuchs konnte sich im Leeschatten kleinerer Verwerfungen ansiedeln und ausbreiten. Die relativ ungestörte Lage der Insel bot so das ideale Nistgebiet für Seevögel. Noch vor dem Ende des Zweiten Weltkrieg, 1939, wurde die Insel zur *Vogelfreistätte* erklärt. Allerdings diente die Insel während des Zweiten Weltkrieges als Flakstellung, wodurch die Entwicklung der kleinen Insel stark beeinträchtigt wurde. Nach dem Krieg wurden Landgewinnungsmaßnahmen zur Vergrößerung der Nistfläche vorgenommen, jedoch erst 1990 wurde die Insel in den *Nationalpark Hamburgisches Wattenmeer* eingegliedert und erst 1992 zum Biosphärenreservat erklärt.

Da der Aufenthalt auf der Insel über die Hochwassertide hinaus nicht erlaubt ist, muss der Rückweg nach nur wenigen Stunden auf der Insel bereits wieder angetreten werden. Hierzu ist, wie schon erwähnt, ein profundes Wissen über die Gezeiten und das heranziehen eines Tidenkalenders unerlässlich. (www.jordsand.eu Stand 29.03.2010)

4. Die Hochseeinsel Helgoland

Circa 65 Kilometer von Cuxhaven entfernt liegt mitten in der Deutschen Bucht auf 54°11´N und 7°53´O Deutschlands einzige Hochsee- und Felseninsel, Helgoland. (Podjacki et al. 2003: 34) Helgoland ist der zentrale Punkt dieser Exkursion und hier soll besonders auf die Entstehung und den Aufbau, sowie auf den Tourismus und die bewegte Geschichte der Insel geblickt werden. Um nach Helgoland zu gelangen können entweder die Fähre oder die Schnellfähre genommen werden. Selbstverständlich könnte man auch den auf Düneninsel liegenden Flughafen nutzen, was aber für eine Schulklasse wohl zu teuer ist. Anders als auf anderen Inseln fährt man auf Helgoland jedoch nicht mit dem Schiff in den Hafen und steigt am Kai aus. Auf Helgoland gehört das Ausbooten zu Tradition und wird bereits seit 1826 praktiziert. Die Fähren halten in den Gewässern vor der Insel und die so genannten Börteboote kommen um die Gäste auf zu nehmen. Diese stiegen dann über die Luke aus der Fähre auf die zehn Mann fassenden Boote und werden auf die Insel gebracht. (www.helgoland.de Stand 31.03.2010)

Abbildung 9: Helgoland

(www.nordwestbahn.de Stand 24.03.2010)

4.1. Die Entstehung und Aufbau Helgolands

Helgoland ist das Produkt von „gewaltigen geologischen Hebundsprozessen" (Podjacki et al. 2003: 36) Auf Grund tektonischer Bewegungen in der Unteren Trias , vor etwa 220 Millionen Jahren, wurden die ursprünglich in circa 3000 Metern Tiefe gelagerten Gesteinsschichten aus dem Mesozoikum an die Oberfläche gehoben. Diese bestehen aus rotem Buntsandstein, Muschelkalk und Kreide. Diese Schichten erklären auch die Farben der Flagge Helgolands, grün, rot und weiß. "Grün ist das Land, rot ist die Kant', weiß ist der Sand. Das sind die Farben von Helgoland." (www.schleswig-holstein.de Stand 28.03.2010) Im Laufe der Zeit wurden diese Schichten durch ungleichmäßige Hebung schräg gestellt, was man heute noch auf Bildern der Insel sehen kann, wie Abbildung 10 zeigt.

Abbildung 10: Schräglage der Schichten auf Helgoland

(www.dbs-schuelerhomepage.de Stand 24.03.2010)

Heute sind diese Schichten nach Nordosten um etwa 17 - 20°geneigt. Grund für die angesprochene ungleichmäßige Hebung waren bis zu 500 Metern mächtige Salzkissen in den Zechsteinschichten, welche sich während der Eindunstungszyklen des Meeres bildeten. (Podjacki et al. 2003: 36)

Da die spezifische Dichte dieser Salzkissen geringer war als die des umliegenden Gesteins stiegen diese auf. Allerdings war dies in starkem Maße davon begünstigt, dass im Tertiär, als die jungen Kettengebirge entstanden, durch die tektonischen Bewegungen Risse im darüber liegenden Gestein entstanden. Da diese Risse in den über den Salzkissen liegenden Schichten nicht gleichmäßig waren, schob sich das darüber liegende Gestein aus dem Mesozoikum keilförmig nach oben. Obwohl dieser durch Salzkissen verursachte Prozess der Aufwölbung für Norddeutschland nicht ungewöhnlich ist, ist das Ausmaß doch erstaunlich. (Nusser 1955: 267) Diese Salzkissen und die Schräglage der Schichten kann in Abbildung 11 erkannt werden.

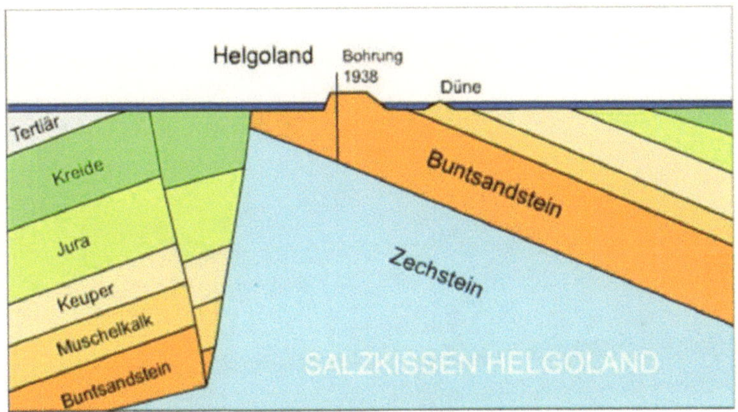

Abbildung 11: Geologischer Querschnitt durch die Gesteinsschichten unter Helgoland

(www.fussabdruck-helgoland.de Stand 28.03.2010)

Über die Jahrhunderte war die Insel enormen Abrasionsprozessen ausgeliefert. Da diese auch die oberste Schicht der Felseninsel abgetragen haben, lässt sich der genaue Zeitpunkt der Entstehung der Insel heute nicht mehr nachvollziehen. Tatsächlich wurde die aus dem Meer gehobene Insel sogar bis unter die Meeresoberfläche wieder abgetragen und im Pleistozän glazial überformt. (Nusser 1955: 268) Die heutige Oberfläche der Insel trat über die Meeresoberfläche, als das Tertiärmeer zurückwich und somit die Insel aus dem Meer hob.

Ursprünglich bestand Helgoland damals nicht wie heute aus zwei getrennetne Inselnteilen, sondern aus zwei über einen Landsteg verbundene in eztwa gleich hohe Tafelberge. Der westliche Teil bestand damals wie heute aus Buntsandstein während der östliche Teil aus Muschelkalk, Kreide und Gips gebaut war. (Nusser 1955: 269) Heute bilden die beiden Inselteile, die Felseninsel und die Düneneinsel, eine Fläche von rund 1,5 km² aus die in Abbildung 12 erkannt werden können.

Abbildung 12: Unterteilung und Nutzung der beiden Inseln Helgolands

(www.hot-map.com/de/helgoland Stand 28.03.2010)

Über die Jahrhunderte war besonders die Südwestküste exogenen Kräften ausgeliefert, die ihr Erscheinungsbild maßgeblich beeinflusst haben.

An der Südwestküste

"findet bzw. fand man bis zum Bau der durchgehenden Küstenschutzmauer etliche Brandungsnischen (Slapps), Felsvorsprünge (Hörns) und Brandungshöhlen, die sich zu Brandungstoren (Gatts) und später zu einzeln stehenden Felstürmen (Stacks), wie das besser unter dem Namen „Lange Anna" [. . .] als Wahrzeichen Helgolands bekannte Nathurnstack, entwickeln können." (Podjacki et al. 2003: 36)

Abbildung 13 zeigt die *Lange Anna* die mittlerweile von einer Betonmauer geschützt wird.

Abbildung 13: Die *Lange Anna*

(www.cafehinrichs.de Stand 28.03.2010)

Die Hauptinsel, welche wiederum in Oberland und Unterland gegliedert wird stellt dabei mit $0{,}9km^2$ fast 1/3 der Landfläche und dient den 1.300 Einwohnern der Insel als Wohnraum, während die Düne Platz für das berühmte Seebad, den Flugahfen und den Campingplatz bietet. (www.helgoland.de) Die Trennung der beiden Inseln kann auf die Neujahrsnacht 1720/21 zurückdatiert werden. Eine Sturmflut spülte die Verbindung der beiden Inseln ins Meer. (Nusser 1955: 270)

4.2. Die politische Geschichte Helgolands

Um mehr über die Geschichte Helgolands zu erfahren gehen wir in das *Museum Helgoland*. Die Spezielle *Bunker Führung* bietet einen Einblick in die politische Geschichte Hegolands, von den ständig wechselnden Staatszugehörigkeiten über die Weltkriege bis zum „Big Bang".

4.2.1. Die politische Geschichte bis 1918

Helgoland wechselte in seiner langen geschichte sehr oft die nationale Zugehörigkeit. Meist wechselte diese von dänisch zu schleswig-holsteinisch und umgekehrt. 1807 ging die Insel dann aber von dänischen in englishen Besitz über. Während der Zeit der napoleonischen Kontinetalsperre florierte der Schmuggel auf der Insel doch das dabei verdiente Geld reichte nicht aus um vom Fischfang unabhängig zu werden und so wurde 1826 das Seebad Helgoland von *Jakob Andresen Siemens* gegründet. 1890 unterzeichneten das Deutsche Reich und England den Helgoland-Sansibar-Vertrag und Helgoland ging im Tausch mit den Hoheitsrechten in Ostafrika, darunter auch Sansibar, in Deutschen besitz über. (Podjacki et al. 35: 2003) Gemessen an seiner Größe spilete Helgoland während der Weltkriege jedoch eine enorme Rolle. Die nur 1,5km^2 große Insel wurde von Kaiser Wilhelm II. zum Marienestützpunkt ausgebaut, was während der Ersten Weltkrieges zur Folge hatte, dass die gesamte Zivilbevölkerung, immerhin 3.427 Personen, (www.ndr.de Stand 28.03.2010) die Insel verlasen musste. Mit dem Ende des Krieges verschwanden auf grund der Versailler Vertrags auch sämtliche militärische Ienrichtungen von der Insel, da Deutschland sich darin unter anderem zur Demilitarisierung verpflichtet wurde. Ausserdem durfte die Bevölkerung wieder auf ihre Insel zurückkehren.

4.2.2. Der Zweite Weltkrieg

Erst 1933, mit beginn des Nazi-Regimes in Deutschland und dem Aufbegehren gegen den Versailler Vertrag, wurden wieder militärische Anlagen auf Helgoland erbaut. Dies hatte zur folge, dass bereits am 03.12.1939 21 britische Bomber die ersten Angriffe auf die Insel flogen. Der Bombenangriff im Mai 1940 forderte die ersten Menschen leben und es wurde im Inneren der Felseninsel eine Bunkersystem für die Bevölkerung angelegt. Diesen Angriffen folgte die Zerstörung der Düne 1944 und der Erklärung Helgolands zur „Festung". Dies bedeutete, dass die Insel bis zum letzten Mann Verteidigt werden sollte. Im April 1945 werden mehrere Helgoländer wegen des Versuchs die Insel kampflos an die Briten zu übergeben exekutiert. Nur einen Tag später, in der Nacht vom18. Auf den 19. April, fliegen nahezu 1.000 alliierte Bomber die Insel an und zerstören fast das komplette Inseldorf. Abbildungen 14 und 15 zeigen das Ausmaß der Zerstörung sowie den Weg der Bomben auf Helgoland.

Abbildung 14: Die Zerstörung nach dem Bombardement vom 19.04.

(www.ndr.de Stand 28.03.2010)

Abbildung 15: Bomben auf Helgoland

(www.ndr.de Stand 28.03.2010)

Zwei Wochen vor der Kapitulation Deutschlands verlassen die letzten deutschen Soldaten sie Insel und sprengen den bis dato unversehrten Kirchturm. Nach der Besetzung der Insel durch die Briten wird Helgoland als Bombenübungsziel der *Royal Airforce* ausgerufen. (www.ndr.de Stand 28.03.2010)

4.2.3. Der „Big Bang"

Den Höhepunkt der Zerstörung Helgolands allerdings stellt nicht der Krieg, die Bombenübungen danach oder Jahrmillionen an Abrasion durch das Meer dar, sondern der „Big Bang", der Versuch die Insel zu sprengen. Hierzu wurden alle unterirdischen Gänge, Bunker und Keller mit insgesamt 6.700 Tonnen Sprengmaterial gefüllt; der stärksten nicht-atomaren Bombe der Geschichte der Menschheit (www.sueddeutsche.de Stand 28.03.2010) Zwei Jahre nach dem stärksten Luftangriff mit fast 1.000 Bombern auf die Inseln, am 18. April 1947, sollte die Insel, und die auf Ihr stehenden militärischen Anlagen, für immer zerstört werden. Der Sprengstoff hierfür kam von Mienen, Wasserbomben, Torpedoköpfen und Granaten. Die

Staubwolke der Sprengung, in Abbildung 16 zu sehen, stieg bis in eine Höhe von bis zu 9 Kilometern.

Abbildung 16: Staubwolke nach dem „Big Bang"

(http://einestages.spiegel.de Stand 28.03.2010)

Die Sprengkraft der 6.700 Tonnen Srengstoff, 2,6 Kilotonnen, entspricht in etwa 1/5 der Sprengstärke von *Lilltle Boy*, der Atombombe die am 6. August 1945 von der *Enola Gay* über Hiroshima abgeworfen wurde. Eine Sprengmasse dieses Ausmaßes hätte eigentlich eine Insel der Größe Helgolands zerstören müssen, wären die Ladungen ordentlich verdichtet worden und wäre die Insel nicht aus luftdurchlässigem und zerklüftetem Sandstein, sondern aus beispielsweise Granit. Anders als erwartet jedoch hinterließ die Sprengung nur einen Krater mit 200 Metern Durchmessern. Auch die Reste der Bunkeranlage werden noch heute von rund 10.000 Besuchern besichtigt werden.

Am 20. Dezember 1950   besetzte eine Gruppe Heidelberger Studenten die Insel und wollten somit auf die Besatzung der Insel aufmerksam machen. Das Resultat war, dass der deutsche Bundestag wenig später die Freigabe der Insel forderte. Doch es dauerte noch ein weiteres Jahr, bis zum 1. März 1952, bis die britische Besatzungsmacht die Insel wieder an Deutschland zurück gaben. Die Wiederaufbauarbeiten begannen sofort und heute ist Helgoland eines der zehn beliebtesten Ausflugsziele in Deutschland. (Podjacki et al. 2003: 36)

4.3. Tourismus auf Helgoland

„Helgoland hat ein typisches maritimes Klima, welches sich vor allem durch eine hohe Luftfeuchtigkeit undgeringe tägliche und jahreszeitliche Temperaturamplituden auszeichnet." (Podjacki et al. 2003: 34) Mit über 1600sonnenstunden ist die Insel einer der Sonnenreichsten Plätze Deutschlands und bietet daher für Touristen ein attraktives Urlaubsziel. Obwohl jedes Jahr circa 560.000 Besucher nach Helgoland kommen, kann die Insel jedoch lediglich 60.000 Übernachtungsgästeverzeichnen, die im Schnitt vier Tage auf der Insel bleiben. Dies lässt sich darin begründen, dass die meisten Besucher den, zwar seit 1999 nur noch eingeschränkten, zollfreien Handel nutzen und Tabakwaren, Spirituosen, Süßwaren oder optische Geräte günstig zu erwerben. Täglich kommen, je nach Wetter, zwischen 6.000 und 8.000 Besucher auf die Insel, was in etwa dem 4 bis 5fachem der Einwohnerzahl entspricht. (Podjacki et al. 2003: 39) Viele kommen wegen des bereits erwähnten zollfreien Einkaufs, andere wegen des Nordsee-Reizklimas oder um die Natur zu genießen. Besonders interessant ist die Insel für Biologen und besonders Ornithologen. Die Insel bietet zwei Naturschutzgebiete, das Naturschutzgebiet „Lummenfelsen der Insel Helgoland" und das Naturschutzgebiet „Helgoländer Felssockel" (Podjacki et al. 2003: 37) Das im Westen der Insel liegende

Naturschutzgebiet „Lummenfelsen der Insel Helgoland" bietet auf seinen 1,1ha zwar das kleinste Naturschutzgebiet Deutschlands, allerdings auch das mit der höchsten Brutdichte. Heute brüten im Naturschutzgebiet unter anderem die namensgebenden Tottellummen, Eisturmvögel, Silbermöwen, Dreizehenmöwen und Basstölpel. „Vergleichbare Brutfelsen von Hochseevögeln sind erst wieder in Norwegen, Großbritannien Irland oder Frankreich zu finden." (Podjacki et al. 2003: 37)Dies ist der Grund dafür, dass besonders unter Vogelkundlern Helgoland einen ganz besonderen Stellenwert hat und diese maßgeblich zum Tourismus auf der Insel beitragen. Besonders während der Zeit des Lummensprungs, Ende Juni, wenn die noch flugunfähigen Jungtiere von ihrem Nest aus die ersten Flugversuche unternehmen, angelockt von den Elterntieren die im 59 Meter tieferliegenden Meer schwimmen, kommen viele Touristen auf die Insel. (Podjacki et al. 2003: 37) Aber auch das einzigartige Helgoländer Felswatt trägt zu den Besucherzahlen bei.

Abbildung 17: Trottellummen am Lummenselsen

(www.helgolandferienwohnung.de Stand 30.03.2010)

4.4. Das Felswatt Helgolands – Der Helgoländer Hummer

Anders als im restlichen Wattenmeer der Nordsee, bietet Helgoland kein Sandwatt, sondern ein Felswatt, das auf der abgetragenen Felsterrasse der Insel liegt. Das bereits erwähnte Naturschutzgebiet „ Helgoländer Felssockel" wurde bereits 1981 gegründet und beinhaltet den gesamten Felssockel um die Hauptinsel und die Düneninsel. Mit seinen 5.138ha, was etwa dem 3.000fachem der Inselfläche entspricht, stellt es das größte Naturschutzgebiet Schleswig – Holsteins. Perfekt an die Lebensbedingungen angepasst, leben in den Felsnischen im Gezeitenbereich eine Vielzahl von Meerestieren und Pflanzen, darunter auch der mittlerweile stark gefährdete Helgoland Hummer. (Podjacki et al. 2003: 38) Bis Mitte des 20. Jahrhunderts wurden vor Helgoland jährlich im Schnitt 40.000 Hummer gefangen, manchmal aber auch bedeutend mehr, wie Abbildung 18 zeigt.

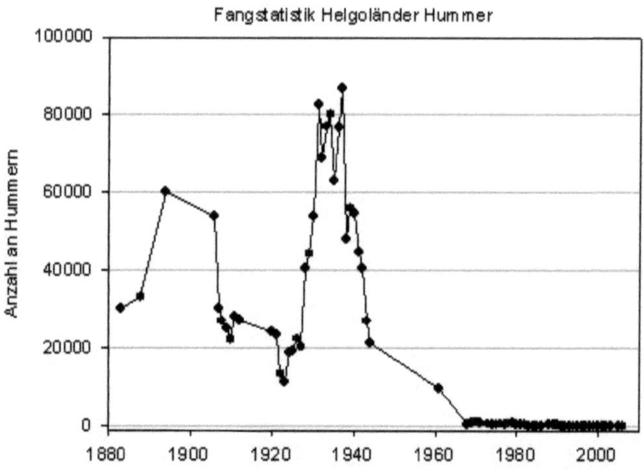

Abbildung 18: Hummerfangquoten vor Helgoland über die letzten 120 Jahre

(www.helgoland-lobster.de Stand 31.03.2010)

Da Hummer aber einen sehr langsamen Fortpflanzungszyklus haben, der Lebensraum der Tiere im und nach dem Zweiten Weltkrieg stark zerstört wurde, in den 60er Jahren eine erhöhte Schadstoffzufuhr in die Nordsee erfolgte und nach dem Krieg ein erhöhter Fangdruck, auch von eiertragenden Weibchen herrschte, ging die Population stark zurück. So werden seit den 70er Jahren nur noch über 11cm große Hummer gefangen. Dies soll sichern, dass die Tiere bis dahin Zeit hatten, sich mindestens einmal, im Idealfall zweimal, Fortzupflanzen. Auch eiertragende Hummer dürfen nicht gefangen werden. So ist die Fangquote seit den 70er Jahren bei etwa 200 Tieren pro Jahr geblieben. Der Großteil der als Helgoländer Hummer deklarierten Tiere kommt jedoch mittlerweile aus den Züchtungshallen, die zur Befriedigung der enormen Nachfrage eingerichtet wurden. (www.helgoland-lobster.de Stand 31.03.2010) Um die Thematik des Felswatts und des Helgoländer Hummers zu vertiefen bietet sich der Besuch des *Aquariums der Biologischen Anstalt Helgolands* an, das ebenfalls geführte Touren durch das Felswatt anbietet.

5. Zusammenfassung

Zusammenfassend kann man sagen, dass eine 3tägige Exkursion selbstverständlich nicht ausreicht um den Schülern der Sekundarstufe II die Gesamte Deutsche Nordsee in all ihren Eigenheiten zu erklären. Dennoch macht es Sinn sich exemplarisch an den ausgewählten Beispielen an das Thema heran zu arbeiten. Besonders Helgoland, mit seiner herausragenden Stellung in der Deutschen Nordsee, sollte Teil ein jeder Exkursion in das Gebiet der Nordsee sein, da die Insel sowohl vom Aufbau und der Entstehung, wie auch von der Geschichte und der heutigen Nutzung nicht mit anderen Nordseeinseln zu vergleichen ist.

Bibliographie

Monographien:

Falkus–Seelig, Angelika. 1988. *Das Watt im Raum Neuwerk/Kleiner Vogelsand.* Inst. für Geographie u. Wirtschaftsgeographie Univ. Hamburg. Hamburg

Hofstede, Jacobus. 1991. *Hydro- und Morphodynamik im Tidebereich der Deutschen Bucht .* Inst. für Geographie der Techn. Univ. Berlin. Berlin

Pott, Richard. 1995. *Farbatlas Nordseeküste und Nordseeinseln.* Ulmer. Stuttgart

Schmid-Thomé, Paul. 1987. *Sammlung Geologischer Führer – Helgoland.* Bornträger. Berlin

Zeitschriften:

Gellert J. (1952): Das Aussenelbwatt zwischen Cuxhaven-Duhnen und Scharhörn. In: Petermanns Geographische Mitteilungen, Band 96, Seiten 103 – 109, Klett – Perthes, Gotha

Nusser F. (1955): Helgoland. In: Geographische Rundschau, Band 7, Heft 7, Seiten 266 – 272, Westermann, Braunschweig

Podjacki et al. (2003): Nordseeküste: Helgoland – physio- und kulturgeographische Facetten. In: Petermanns Geographische Mitteilungen, Band 147, Heft 5, Seiten 34 – 39, Klett – Perthes, Gotha

Wieser G. (1952): Helgolands werden und Vergehen. In: Geographische Rundschau, Band 4, Seiten 41 – 46, Westermann, Braunschweig

Enzyklopädien:

Enzyclopaedia Britannica (2010)

Internetquellen

http://www.die-nordsee.de/nordseeluft-schnuppern/wir-ueber-uns/presse-aktuell/details/browse/5/artikel/75/die-nordsee-10.html

(Letzter Zugriff 24.03.2010)

http://www.nordwestbahn.de/Bilder_Redaktion/Helgoland-Pressebild.jpg (Letzter Zugriff 24.03.2010)

http://www.dbs-schuelerhomepage.de/uploads/fotos/helgoland.jpg

(Letzter Zugriff 24.03.2010)

http://www.hot-map.com/de/helgoland

(Letzter Zugriff 28.03.2010)

www.helgoland.de

(Letzter Zugriff 28.03.2010)

http://www.ndr.de/kultur/geschichte/helgolandchronik2.html

(Letzter Zugriff 28.03.2010)

http://www.sueddeutsche.de/reise/48/411819/bilder/

(Letzter Zugriff 28.03.2010)

http://einestages.spiegel.de/external/ShowTopicAlbumBackground/a45/l0/l0/F.html#featuredEntry

(Letzter Zugriff 28.03.2010)

http://www.schleswig-holstein.de/Portal/DE/LandLeute/LandschaftNatur/Inseln/helgoland.html

(Letzter Zugriff 28.03.2010)

http://www.cafehinrichs.de/info/bilder/Lange_Anna_1.jpg

(Letzter Zugriff 28.03.2010)

http://www.fussabdruck-helgoland.de/index.php?option=com_content&view=article&id=65&Itemid=72

(Letzter Zugriff 28.03.2010)

www.insel-neuwerk.de

(Letzter Zugriff 29.03.2010)

www.nationalpark-hamburgisches-wattenmeer.de

(Letzter Zugriff 29.03.2010)

http://www.jordsand.eu

(Letzter Zugriff 29.03.2010)

http://fhh1.hamburg.de/Behoerden/Umweltbehoerde/wattenmeer/pdf/078-079.pdf

(Letzter Zugriff 29.03.2010)

http://www.hamburg.de/geotope/145126/scharhoern-start.html

(Letzter Zugriff 29.03.2010)

http://www.helgolandferienwohnung.de

(Letzter Zugriff 30.03.2010)

http://www.helgoland-lobster.de/hintergrundd.html

(Letzter zugriff 31.03.2010)

http://www.helgoland.de/fileadmin/Mediendatenbank/PDF-
Dokumente/Ausbooten.pdf

(Letzter zugriff 31.03.2010)

http://www.die-ganze-nordsee.de/wirtschaft.html#614

(Letzter Zugriff 31.03.2010)

http://www.die-ganze-nordsee.de/wattenmeer.html

(Letzter zugriff 01.04.2010)